书籍可以这样设计吗?

基于信息建构的书籍设计研究

冯龙彬 编著

中国纺织出版社

书籍应该是什么样子？

古、今、中、外
不同历史时期书籍都有不同的样式
每个人的心中都有不同的认识

然而
书籍并不一定就是我们所认为的那样
书的外貌应该是取决于书的内容
书的样式只为阅读而存在

读者在阅读图书的过程中
通过

    翻动……

        审视……

     思辨……

      聆听……

  触摸……

     联想……

调动各种感官来获取书籍内容的点滴信息

这些由多个途径得到的信息犹如"片片砖瓦"
读者搬走这砖瓦
在大脑里重建精神的房屋
这精神的房屋包含了理解、想象或记忆
因此
阅读可以看作是由读者实现的
"解构物质形态——组合精神意义"的过程

而设计师就需要用油墨与纸张
来搭建一个承载了思想内容的房屋
一个有砖瓦、有结构的房屋
因此
设计又可以看作是设计师用来实现
"萃取思想结构——固化物质形态"的过程

一个合理的房屋结构正是书籍所该有的样子

| P8 | 1.1 问题的出现 |
| P15 | 1.2 设计者的路 |

P30	2.1 信息设计
P38	2.2 如何进行信息设计
P40	2.2.1 设计的本质意义
P44	2.2.2 信息的特性
P50	2.2.3 如何进行设计——信息的"变形"
P56	2.3 信息视觉化设计

| P64 | 3.1 书籍载体的设计过程就是信息的构建过程 |
| P70 | 3.2 结构的概念 |

| P78 | 4.1 原始信息分类 |
| P84 | 4.2 原始信息组织 |

P96	5.1 从时间上的安排
P92	5.1.1 直线结构
P102	5.1.2 等级结构
P106	5.2 从空间上的安排
P108	5.2.1 二维空间
P114	5.2.2 三维空间
P122	5.2.3 时空交错

P130	6.1 文字的设计
P136	6.2 显示的设计
P140	6.3 开放的设计

1 绪论 P2

2 从设计形式到设计信息 P24

3 书籍设计中的信息建构 P60

4 对于关系的设计 P76

5 对于层次的设计 P90

6 人性化设计 P128

1.1

绪论

问题的提出

目前国内图书设计缤纷亮丽，五彩缤纷，看似繁华无限。但在这"繁华"的背后设计界一批有识之士，却对"书籍设计"的现状，纷纷提出了质疑。质疑什么？又是什么出了问题？

将目前国内图书市场上的图书设计现状，条分缕析，我们可以大体理出以下几种情况：

1. 抄袭之风盛行；

2. 不同行业的不同出版物，设计上雷同；

3. 包装过度，文题分离；

4. 片面追求"创新"。

这就是被质疑的问题。质疑，并非止于批评，同时又给出一些答案。如有专家提出："临摹不是不好，但不值得提倡。"其明白无误地提出，临摹只是学习的一种手段，而不是设计师"创作"的手段。近些年来，抄袭现象不仅时有发生，且有上升趋势。如果你留心对比一下，便会发现，目前出版物中有一定数量的书籍设计明显保留着别人作品的痕迹，有些几乎是原封不动地照搬过来。甚至连国内外最著名的设计家的作品，也有人敢堂而皇之地变成自己的作品。这些现象主要表现为：一旦有设计家在表现技法、材料选用等方面有所突破，设计出凸显新意的作品，随后就有类似的作品蜂拥而出，并不管书籍内容是否合适。这种"跟风"实质上是抄袭。对于这种现象，装帧界的智者视之为耻辱。但由于国内版权意识的粗放和学术批评的不健全，这种恶习始终没有得到遏止，甚至连警示也不多见。而行外，包括广大编审人员，由于对设计不熟悉，一般不去干预，有时还主动要求设计成某书样子，无形中，促使了这种风气日渐盛行。还有，我们在关注书籍设计从简单的书籍装帧走向由表及里的整体设计的同时，却走向了另一个极端——"包装过度"。爱美之心，人皆有之，做书亦然。不过，过度包装、愈演愈烈喧宾夺主的图书装帧设计实际是一种心虚的表现。试想，一本小说设计得美轮美奂，结果读起来却味同嚼蜡，这种"最美的书"的荣誉又值几何？按理说，除了一些经典图书的收藏版之外，日常销售的书，没有多大必要进行"过度包装"。图书设计，不能纯粹从设计者或出版商个人喜好出发，不必要地增加读者购买的阅读成本，甚至导致滞销的现象；另外，一些设计者一味追求"创新"，以为新、奇、怪的设计，就是好的设计。其实不仅没有增强阅读的便利，还为读者增添了麻烦。中国出版工作者协会装帧艺术工作委员会副主任刘静说："一部传统文学作品，非要穿上盗墓小说的外衣。有些关于文物古迹的书，设计得看上去像是摇滚乐的。让人无从考虑购买。"还有些设计者，在设计中字距比行距还要宽，给人视觉上造成"竖排"的错觉。设计者不但不考虑读者阅读习惯，还沾沾自喜，沉浸在自我中。甚或有些版面排的，读者看完上段文字，就找不到下段文字在哪儿。实际上，设计太前卫，读者接受不了，这是出版资源的一种变相浪费。

中国已经连续几年在莱比锡书展获得"世界最美的书"荣誉称号。按理说应该高兴才对。然而据报道,近几年来,国人图书阅读量持续走低。我国年人均阅读图书4.5本,与韩国11本、法国20本、日本40本相比,真是相形见绌。细细想来,与其欢呼我国图书装帧行业蝉联"最美的书"称号,不如反思我们究竟能提供世人多少"最好的书"!

抄袭、同质化、过度讲究包装、奇怪的"创新",这些现象都可以看出,在我国出版界市场化以后,整体出现了浮躁现象。大多设计者都是随波逐流,人云亦云,或是做些没有意义的装饰和图形。并不明确自己的设计目的。

绪论

绪论

1.2

设计者的路

作为设计者,设计的目的是什么?
设计的路又该如何走?

我们有必要回顾一下书籍设计发展的历程，这对我们今天的设计依然有着重要的意义。纵观书籍设计的发展史，不同时期的书籍，有不同的装帧概念与形式。书籍设计随着书籍的出现、衍变而逐步发展的。书籍形态与所用的材料因各个历史时期的不同而各具特色。书籍设计经历了一个"原始→古代→近代→现代"的发展过程。在这个历程中，书籍设计的概念从无到有，由浅入深。

从原始时期的甲骨刻字，到造纸术与印刷术发明之前，都没有书籍设计这一概念，"书籍"仅仅是承载文字信息的物体。原始人类取材自然界的现成物质材料，用石块、崖壁、甚至石头作为刻写的载体。

文字的创造，促进古代人类重新选取了承载文字信息的载体：陶器、石器、甲骨、青铜器，等等。嗣后又出现了更加便于刻、写的材料，例如竹简、丝帛、蜡版、泥版、木版等。为了方便携带，人们还对材料进行编串，但与现在所说的书籍设计依然不同。自从印刷术出现后，我国古代书籍设计陆续经历了卷轴装、旋风装、经折装、梵夹装、蝴蝶装、包背装、线装等设计形式。受到编简（简策）形式影响，帛书依然采用卷筒的形式。纸书出现的初期，仍然效法帛书，将写好的长条纸书，形成卷轴形式，阅读时边看边滚动。为了方便读者的操作，文字是竖排的，

以便双手握住和卷动页面。信息呈现的方式是多变的，可以完全打开，看到整个页面，也可以通过边卷边看，直到读完。但是不断的卷曲页面，对读者造成了不小的麻烦，因此，古人重新设计了书籍的形式，这就是旋风装。旋风装以一幅比书页略宽略厚的长条纸作底，把书页向左鳞次相错地粘在底纸上，设计的改变不仅是书籍的外形，而且是文字信息呈现的方式和读者的阅读方式，这样读者每次可以看到一页的文字，减少了卷动的次数。但是新的问题出现了，旋风装的外观没有摆脱卷轴装的影响，收纳时依然是卷曲的，所以每次打开时，页面不平整，阅读显得不便。经折装出现在唐代晚期，它的出现标志着中国的书籍装帧，完成了从卷轴装向册叶装的转变。经折装继承了传统的阅读方式，而每页平整，既考虑到人们的阅读习惯，又有所创新，阅读更加方便。雕版印刷的书籍出现以后，特别是进入宋代雕印书籍盛行以后，由于书籍生产方式发生了变化，引起书籍装帧方法和形式也相应发生变化。为了适应雕版印书的特点，人们创造了蝴蝶装。但是因为蝴蝶装的书页是单面印刷，翻阅时，每隔一页就出现无字页面，阅读不便。为了克服这个问题，古人经过改进蝴蝶装，出现了包背装。对于包背装的进一步改进就是线装书了。线装书的出现，可以说是书籍设计史上的一大飞跃：墨香纸润，版式疏朗，字大悦目，素雅端庄，而不刻意追求华丽，再加以行、界、栏、牌的辅助阅读，不仅已经形成我们现在看见的图书外观，且仍保留着古时的形式，即竖排，以便从右往左阅读。从这里我们可以发现，技术的变革对书籍设计的影响很大，但不断探索适合人们阅读的方式则是不变的追求。而书籍形式的不断改变都是为了更好的呈现内容、传递信息。

近代以来，随着西方印刷术的传入，我国机器印刷代替了雕版印刷，产生了以工业技术为基础的装订工艺，出现了平装本和精装本，由此产生了装帧方法在结构层次上的变化，封面、封底、护封、环衬、扉页、版权页、目录页、正页等等，成为新的书籍设计的重要元素。

中国现代的书籍装帧设计，应该是随着"五四"新文化运动的进行而真正产生发展起来的。"五四"新文化运动促进了中国现代书籍设计的诞生与发展，这是中国书籍设计的重大变革期，也是这个时代思想更新所带来的产物。"西学"的兴起促使书籍品种增加并带来阅读方式和书籍形态的变革，而铅印技术及现代印刷设备和纸张的引进促使这种变革成为可能。随着先进文化的传播，新兴的书籍装帧艺术也受到整个社会的广泛认同。从"五四"到"七七"事变以前这段时间，可以说是全国现代书籍装帧艺术史上百花齐放、人才辈出的时期。这段时间既是书籍装帧艺术的开拓期、繁荣期，同时，也巩固了装帧艺术地位，并形成了一支创作队伍。鲁迅说："如作书面，不妨毫不切题，自行挥洒也。"在他眼中，书籍的装帧已经是一件"堪与著书本身比肩而立的事业了"①。处在新文学革命的开放时代，当时的设计家们博采众长，百无禁忌，什么好东西都想拿来一用。丰子恺先生以漫画制作封面堪称首创，而且坚持到底，影响深远。陈之佛先生坚持采用近代几何图案和古典工艺图案，形成了独特的艺术风格。钱君匋先生认为，书籍装帧的现代化是不可避免的。他个人便运用过各种主义、各种流派的创作方法。但他始终没有忘装帧设计中的民族化方向。"装帧"一词，是前辈艺术家们，如丰子恺先生等为《新女性》杂志撰写的文章中最先引进的，当时引用的是日本词汇，其所指的就是书籍的封面设计。所以，当时的封面设计可以不考虑书的内容的，而仅仅追求一种装饰美。设计者的工作只是"装潢"而已，不必深入到书籍的内容中。

1949年以后，出版事业的飞跃发展和印刷技术、工艺的进步，为书籍装帧艺术的发展和提高开拓了广阔的前景。至此，中国的书籍装帧艺术呈现出多种形式、风格并存的格局。"文革"期间，书籍装帧艺术遭到了劫难，"一片红"成了当时的主要形式。70年代后期，书籍装帧艺术得以复苏。并于1979年举办了第二届全国书籍装帧艺术展览会，这是自1959年举办的第一届全国书籍装帧艺术展览会后，时隔20年书籍艺术界的文艺复兴大会。

---

① 孙延明. 装帧之痛[N]. 青岛日报，2007-11-17.

为了更好地发展书籍设计艺术事业，20世纪80年代，我国先后成立了中国出版工作者协会装帧艺术研究会（后改为装帧艺术工作委员会）及中国美术家协会插图、装帧艺术委员会。1984年，邱陵先生编写的《书籍装帧艺术简史》一书由黑龙江人民出版社出版问世，填补了我国书籍设计艺术史论方面的空白。此时，"装帧"一词，已被大家广泛认同并使用。在1986年举办的第三届全国书籍装帧艺术展览会中．一批中青年艺术家脱颖而出。形成了装帧艺术界老、中、青艺术家汇聚一堂的新局面。邱陵、任意、张慈中、吴寿松、张守义、王卓情、宁成春、章桂征、陶雪华等设计家，用各自独特的艺术语言，设计了大量优秀的书籍设计艺术作品。如张守义的《烟壶》、邱陵的《红旗飘飘》、陶雪华的《神曲》、章桂征的《祭红》等。

进入90年代，出版事业蓬勃发展，国际设计界的交流日趋广泛。1990年秋天，在北京中国工艺美术馆举办了"中日书籍装帧艺术展"，还举办了邱陵、杉浦康平和菊地信义的学术讲座。同年，中国出版工作者协会和日本讲谈社联合举办了中日装帧艺术展览。随着书籍艺术概念的不断进步．优秀作品层出不穷。一大批青年艺术家逐渐成长为书籍设计业的中坚力量。一些富有责任感和事业心的设计师成立了专业的书籍设计工作室．成为出版设计业的主力军。

1995年第四届、1999年第五届、2004年第六届全国书籍装帧艺术展览会的举办，更是直接或间接地促进了书籍装帧设计观念的更新。

　　进入21世纪，随着书籍出版业体制的改革，无论是在出版社工作的美术编辑．还是来自社会工作室的设计师们，都以巨大的热情和能量不断进取，使书籍设计艺术呈现出前所未有的活力。不少新锐设计家脱颖而出，一批设计工作室也成绩斐然，如宁成春工作室、王序工作室、敬人设计工作室、黄永松工作室、吴勇工作室、宋协伟工作室、朱锷工作室、耀午书装、陆智昌一石文化工作室、台和工作室、蒋宏工作室、生生书房、奇文云海工作室、黑马工作室等等。他们以其鲜明的个性，赢得了出版社的认同和赞许。

　　近些年来，设计师们提倡的由装帧书籍向书籍整体设计转换的概念，在观念上呈现最具实质意义的进步。人们意识到了书籍艺术本身的含义，它传递的是文化，而不单纯是商品。书籍设计绝非局限于外表包装或内文的简单装饰的层面，这一文化应由书籍本身通过书籍造型艺术表现出来，因此，"书籍着重的是信息传达的表现力度，努力传递给读者一个生动有趣、明了易懂的文化信息，使设计师、作者和读者之间架起一座座心灵沟通的桥梁。这是对书卷本质的一种尊重，对书籍文化的一种回归。"[1] 因为只有这样,才能回归"设计"的本义。也就是设计者的路。

在真正明了了"设计"的真义之后,现代技术的发展,就会为我们的设计师,扩展无限的"设计"力量。作为新媒介的电子技术和电脑网络的普及,似乎正在取代传统媒介,这是因为如果我们继续固守近千年的老传统不思改变,这种取代是必然的。不过可喜的是书籍作为传统的媒介依然受人欢迎,而对于书籍设计的研究,国内外的设计者从没停止过脚步,因而信息技术的发展不但不会让书籍消亡,也许我们还可以从新科技的发展中汲取所需的营养。特别是近年来,书籍设计发展迅速,给社会和人类提供了极大的方便,促进了人们的信息传达,刺激了思想的沟通和交流,

回顾历史,我们发现,随着时代的进步,先行的设计者不断地探索着书籍设计的新思维。而现在正向着——"深入到文本的核心境界中,感悟著作者生命呼吸的微妙体会。"[2] 这样的目标一步步前进。书籍设计者正由外及里的全面介入书籍的核心,"装帧"这一概念将被"设计"所包含,由此,"书籍设计"取代了传统的"书籍装帧"。所以今天要以整合的理念去把握"书"的全部流程,这种理念是与当下时代大的背景相吻合的。现代书籍设计追求对传统装帧观念的突破,即现代书籍设计必

---

[1] 吕敬人.创造书卷之美——迈入新世纪的中国书籍设计.编辑之友[M].2008-1.
[2] 朱玲.图书包装过度现象愈演愈烈[N].北京青年报,2009-10-26.

须解决两个观念性前提：首先，书籍设计并非书籍装帧家的专利，它是出版者、编辑、设计家、印刷装订者共同完成的系统工程；其次，书籍是包含"造型"和"神态"的二重结构。前者是书的物性结构，它以美观、方便、实用的意义构成书籍直观的静止之美；后者是书的理性结构，它以丰富易懂的信息，科学合理的构成，艺术设计的创意，有条理的层次，起伏跌宕的旋律，充分互补的图文，创造潜意识的启示和各类要素的充分利用，构成了书籍内容活性化之美。造型和神态的统一结合，则共同创造出形神兼备的、具有生命力和保存价值的书籍。

12

从设计形式到设计信息

24

从设计形式到设计信息

书是文化的载体,阅读是它最重要的功能。

25

1991年才认识到"电脑设计的芳颜"的陶雪华女士,曾深深地"享受过高科技给人带来的便捷和愉快",可曾几时,她就由"叹服"转变为"惊呼"了:"如今,望着满目'浓妆艳抹'的书皮儿要把读者的眼球一网打尽的劲儿,还有那形式大于内容的风光劲儿","请给读者留一份'干净'之地行吗?"陶女士指出:"读者,读者,以读为主","每一种技巧与设计元素的运用最终都是为了衬托内容,强调内容,使阅读更便捷,更富有情趣,而不是让所谓的'设计'主宰整个版面。"可见,忽略内容,注重形式之风并非一时一地。但就在有识之士不断的呼吁下,这种风气仍然没有停止,而且有越演越烈之势。

多年来,书籍设计理论不断强调表达设计内容的重要性,但为什么还会出现今天的局面呢?我想,是理论指导与实际情况的脱节。理论是有了,目标知道了,但是具体如何操作,在实际中如何一步步从原始的内容信息得出"物性结构"与"理性结构"的完美结合没有进行深入的讨论。我们的理论探讨,依然超乎编辑,作者,发行之外,所以最终与目标越来越远。摆在我们面前的是探索可行性的系统和方法来解决这个问题,即既知道自己的设计目的,也知道用什么样的思路和方法来设计。

当我们拿到一本书,准备设计的时候,想必大家已经在考虑,

做多大开本，封面放什么图，内文字体，字号，版心尺寸等等，这好像是一个固定思路，也正是这个思路必然导致前文提到的现象的出现。其实没有任何人说过，图书必须就是这个样子。为什么大家一开始设计就考虑到形式上去了呢？而且必然是封面加上内文，精装再加个函套，精美点就多用特种纸。现在的图书形式，禁锢了我们的思维，是谁规定了书都是我们现在看到的模样？自从 11 世纪，当时的印刷技术——活版印刷就决定了今天我们手中的书的模样。印刷技术将书的形式固定的同时，也将我们写作的形式固定了，这是"书的暴力"。由此可以看出，发展至今的书籍形式不过就是载体，承载着各种内容信息。其实，这些内容信息完全可以通过各种不同的载体传播。因此，我们设计的是一种"物性载体"，而目的是如何更好地表现内容信息，呈现给读者一个良好的阅读空间。这个阅读空间是怎样来的呢？它经过了"书"这个系统，出现在读者面前，"展现了作者的body 与 gesture，也就是作者的声音。"① 如果按前面所说，设计相互抄袭的话，那所有的书的形式都是一样的，那么所有人得到的"gesture"都会是一样的。因此，设计者是非常重要的。如果在这个空间中，随便改变了某一个部分，比如将整个书脊抽走，内容和页面便会崩塌，这样就会影响到读者得到的"gesture"。可见，设计者的一举一动，都会影响到读者与作者之间信息的交流。

---

① 孙浚良. 解放书的『皺束』[N]. 号外，2007-11-14.

那么，在设计之初，我们是否可以暂时忘记图书的物质结构：忘记封面、忘记环衬、忘记扉页、忘记序言、忘记目次、忘记正文体例、忘记文字、忘记图像、忘记空白、忘记饰纹、忘记线条、忘记标记、忘记页码。而是深入到图书的本质——内容信息之中去，也就是把图书的原稿看作是一个信息数据库，而在这个阶段应该没有任何固定的形的东西在脑海里，它只是一个没有外形的信息库。

从设计形式到设计信息

29

2.1
从设计形式到设计信息

30

信息设计

什么是信息设计?
信息设计的确切含义是什么?

近年来，它经常被人们从传播角度描述为"清晰、准确、有效地交流的复杂信息"、"我们如何发出与回应信息"、"为沟通信息使用者和创造者目的而作的设计"；或从认知角度概括为"意义感知"、"使用者为了达到特定目标、满足自身需要而对信息的内容及表达信息的背景的界定、计划以及实现"；或从具体的应用环节定性地表达为"作家、研究人员、美学家、收藏家、发明家、系统学家、分析师以及普适主义者的共同贡献"。

事实上，在这一概念提出以前，对信息进行设计早已存在于诸多领域，甚至包括平面设计领域。

因此对于什么是信息设计，不同的组织机构就有各自的提法：

如：Wikipedia[1]的定义："信息设计是数据的视觉呈现设计……"。

IIID[2]的定义："信息设计是指信息（message）及其语境的定义、计划和塑造以用户需求为目标……"。

WhatIs.com[3]的定义："信息设计是对特定信息的详尽规划，以供特定的受众面对特定的对象……"。

---

[1] http://en.wikipedia.org/wiki/Information_design last modified on 27 October 2009 at 01:52.
[2] International Institute of Information Design，成立于1988年。
[3] Whatis.techtarget.com

ID SIG[①]的定义:"依据信息设计活跃的领域来定义信息设计,认为信息设计是应用设计原则把复杂的、未经组织的、无结构的数据翻译成有价值的、有意义的信息……信息设计实践体现了学科交叉的方法,包括了诸如图形设计、写作与编辑、指导性设计、人机工程以及人因工程等不同领域的技能……"。

若从传达内容信息的角度分析,我们其实可以约略清楚解决问题的方向:从信息提供者来说,是如何借助某种形式或某种方法,将内容信息以清晰、简洁、高效和美观的方式表达和传播;从信息接收者来说,是如何从阅读过程中,通过这种物质的方法有效的获取信息,并从中接受有意义的知识。

这两个环节,涉及的是信息传播的有效性和意义。近几年来,在多领域专家学者的关注下,促使了一个新学科——即信息设计。信息设计,研究的对象就是如何设计信息。信息设计初期作为平面设计的一个子集,经常被穿插在平面设计的课程当中。在20世纪70年代,英国伦敦的平面设计师特格拉姆第一次使用了"信息设计"这一术语。并明确信息设计的主旨是"进行有效能的信息传递",从而与提倡"精美的艺术表现"的平面设计区分出不同的发展方向。

目前,世界上(含我国)有50多个学科和领域都表达了自

[①] Information Design and Architecture Special Interest Group.

从设计形式到设计信息

己跟信息的关系，这也构成了信息设计的一大特点。为了适应这种特点，设计者要多方面训练自己的能力来满足这种需求：

1. 设计者需要训练自己的认知能力

布兰达（Brenda Dervin）认为信息是人类设计的一种工具，用以理解混乱与有序并存的现实世界。基于此，信息设计是一种有关设计的设计，可以协助人们生成或改变他们自己的信息和理解[1]。库里（Mike Cooley）从这个角度出发提出信息设计就是以人为中心的设计（HCD, Human—centered Design）。研究者的主要任务就是研究和开发面向以人的理解为中心的系统的适应性工具[2]。

所以，设计者需要有从大量数据中抽取有用信息的能力，也是一种对信息的整合的理解力。理解在一般意义上是指领会、了解、认识、知晓和领悟某事物的一种能力。从某种意义上看，人类的交流活动实际上就是一种理解活动，而这种理解总是在通过信息的传递进行，因此，信息理解就成为探索人与人之间发生关联和交往的关键因素之一。从这个角度而言，信息设计可以说是一种重要的认知手段，是人人都需要的一种能力和方法。

---

[1] Brenda Dervin, Chaos. Order, and Sense-Making: A Proposed Theory for Information Design[M]. Information Design, MIT Press, 1999:35-55.
[2] Mike Cooley. Human-Centred Design [M] . Information Design, MIT Press, 1999:59-80.

2. 设计者需要训练自己的整合能力

信息设计本质上是多学科的，它的目标是为了清晰、易理解、有效率的信息传播。实现这个过程的方法并不重要，重要的是结果。柯乃梅耶（Dirk knemeyer）提出："信息设计通过整合其他方法来创造完备的信息解决方案。"[1]因此为了实现这个美好的目标，信息设计除了必须对任何的思想、方法或领域开放，还必须综合各种信息方法和过程，这都是为了设计成功的信息而进行的系统化过程。

3. 设计者需要训练自己的表达能力

作为信息设计的觉醒者和启蒙者，乌尔曼在1975年的时候将全美建筑师大会（AIA）的会议主题命名为"信息构筑"，第一次大规模高层次探讨信息以及虚拟空间建构的问题，为信息设计的发展吹响了号角。他将信息设计看作是一种建构信息结构的方式，认为信息设计的根本任务是"设计信息的表达方式"[2]，即信息结构设计师应该能够提取环境和信息中的内核，并将之以清晰和美观的方式呈现给用户。雅各布森（Robert Jacobson）认为信息设计的目的在于系统地整理和使用交流载体、通道和标记，以帮助参与者增强理解能力[3]。而霍斯（Robert. E. Horn）认为，信息设计就是编辑信息的艺术和科学，旨在使

---

[1] Dirk Knemeyer. Information Design: The Understanding Discipline [EB/OL]. 2003-07-15 http://www.boxesandarrows.com/view/information_design_the_understanding_discipline
[2] 岳小莉，曹存根.《信息设计和知识设计》[J]. 信息技术快报，2004，(11).
[3] Robert Jacobson. Introduction: Why Information Design Matters[M]. Information Design, MIT Press, 1999:1-10.

人们有效地使用信息[①]。麦克卢汉则认为社会行为本质上都是在"加工信息"。从这个角度来看，所有的领域都面临"信息"这个共同的对象。不同领域、不同学科、不同的人都可以因为表达信息的需要而对自己所生产的信息做各种各样的设计。总之，表达与传达是信息设计的最终目标。

4. 设计者需要有广泛的学习兴趣

任何学科背景的人都可以是一个好的书籍设计者，因为书籍信息设计，其本质上就是多学科的，是以信息设计为基础的解决信息问题的。故设计者无论用什么手段和工具，其目的都是想要成为一个最有效率的沟通者。因此，设计者一方面需要多才多艺，且对社会、信息、沟通、体验、组织、系统、传播媒介等方面都有较深的了解，这样才能在设计中与组织与他人协同合作，以便研究解决方案；另一方面，设计者通常还应该懂得一两种方法，有意识地在书籍设计的研究过程中，深化对沟通、对信息的理解。

---

① Robert E. Horn, Information Design: Emergence of a New Profession[M]. Information Design, MIT Press, 1999:16-17.

2.2

从设计形式到设计信息

2.2

从设计形式到设计信息

如何进行信息设计

　　长久以来,无论有没有明确的意识,我们对书籍的设计实际上就是在对书籍信息进行设计。只是我们尚未意识到这个设计的过程是否合理。既然我们设计的就是信息,那么我们暂且跳出书籍的框框,探讨一下"信息"与"设计":"设计"的本质是什么?"信息"是否具有被设计的特性?"信息"到底应该怎样被设计?

2.2.1

从设计形式到设计信息

40

设计的本质意义

要探讨设计的本质,将是一个大的话题,本文仅引用一些现有的概念,目的是表明——设计绝非改变。

位于奥地利维也纳的国际信息设计学院（IIID）以这样的方式给"设计"下定义："设计是创作者发现问题，并通过智慧和创新的努力，用画图或计划的方式表现出来……"

在美国 Malcolm Fleming 的《指导性讯息设计》[1]一书中，这样来解释设计一词："是指一段人为地分析合成的过程，它从发现问题开始并以解决问题的具体计划或蓝图结束。"

美国堪萨斯大学教授维克多（Victor Papanek）在《为真实世界的设计》一书中，将设计定义为"赋予有意义的次序所做的有意识和无意识的努力"[2]。强调设计结果的秩序感和结构感。

日本设计师原研哉（Hara Kenya）提出了"再次设计"[3]（Redesign）的概念。他说道："追求在于回到原点，重新审视我们周围的设计，以平易近人的方式，来探索设计的本质"。"从无到有，当然是创造；但将已知的事物陌生化，更是一种创造……。"

从这些概念，我们可以发现，设计就是发现问题和解决问题的过程：在纷杂的原始内容中，寻找相互关系，发现不合理的或待解决的问题，也就是在设计中发现问题的过程；而形成

---

[1] Fleming M & Levie W. H. Instructional Message Design: Principles From the Behavioral and Cognitive Science[M]. Englewood Cliffs, NJ: Educational Technology Publication, 1994:30.
[2] 王受之. 世界现代设计史[M]. 北京：中国青年出版社，2004：175.
[3] 原研哉. 设计中的设计[M]. 朱锷译. 济南：山东人民出版社，2006：32.

有意义的结构,将已经结构化的设计思维通过创新的方式,更合理、更准确地转换成载体的过程,也就是解决问题的过程。

2.2.2

从设计形式到设计信息

44

信息的特性

现在看来信息的客观性几乎已经成为信息不可改变的主要原因。本文首先要表明信息视觉化设计的一个根本立足点就是尊重信息的客观性,在设计过程的前后要力求信息的真实、客观。也就是说:客观、真实是信息的重要特性。

信息具有以下的特性：

1. 信息的"客观性"

信息传输中最重要的是保持原信息不被干扰，信息一旦改变，也就不是原来的信息。

2. 对载体的"依附性"[①]

信息是无形的，必须借助物质载体才能表现出来。比如书籍、杂志、光盘等等都是信息的载体。

3. 信息载体的"可替换性"

这一点其实来源于信息的客观性，也就是说，无论用什么形态的载体，信息特质和含义都不可改变。就像书籍用纸张，开本，字体体现出的信息是无论印刷多少本都不会改变的，而同时这些信息还可以在 Internet 网，广播电视等不同的载体上以不同的形式出现。

4. 信息的复制性

---

① 邬焜. 信息哲学-理论、体系、方法 [M]. 北京：商务印书馆，2005：65.

信息可以无限复制。而信息复制的成本并不以信息复制的数量成倍递增。尽管信息在创造时可能需要很大的投入，但复制就只需要支付载体的成本。比如，一本图书印刷五千本，成本是五万元，但是印刷两万本，成本并不是二十万元，因为前期稿费，编辑费用，排版费用，校对费用都没有了，增加的只是印刷的成本，这就是所说的图书印量越大，成本越低，利润越高。Internet 网的发展让信息的复制更加便利，一条信息可以复制很多遍，能让不同的人群加以分享，这非但不会减少信息的内容，反而使得信息更具价值。而这也正是信息的"依附性"和载体的"可替换性"为信息的复制所提供的保障。

5. 信息的"传播性"[1]

信息可以广泛传播。可以不受时间和空间的限制而进行传递，就像我们可以在现代出版的书籍中看到古人的优美诗篇，也可以在我们足不出户时，通过网络了解到世界各地随时发生的各类消息。

以上五个关于信息的特性是相互关联的。信息的"依附性"和载体的"可替换性"表现了信息和载体之间相互依赖又可替代的关系；信息的"复制性"使得信息的内容可以大量复制，并跨时空传播。

---
[1] 胡心智等. 信息哲学：e时代的感悟[M]. 北京：军事科学出版社，2003：4.

可见对信息的设计，不变的是信息的内容和意义，改变的是不同的物质形式（书籍设计中，表现为形态、文字、图像、图表、空白、饰纹、线条、标记、页码等），对形式的追求是为了更好的真实的表达信息，而不是为了形式而形式。

从设计形式到设计信息

1.2.2.3
：从设计形式到设计信息

50

如何进行设计
——信息的"变形"

奥地利哲学家、社会学家，ISOTYPE（国际印刷图片教育系统）的奠基人奥托·纽特拉把信息设计者形象而有趣的称为信息"变形者"[1]。他认为"变形者"的工作就是将原始的数据、各种行为乃至过程，用简单易懂的形式表现出来。这里的"变形"二字恰当地体现出，设计者的任务并非是改变信息，而应该是将信息的内容准确无误的"变形"为能够被大众理解和接受的方式。

---

[1] Peter Wildbaur, Michale Burke, Information Graphics[M]. Thames and Hudson, 1998：6.

"变形"其实具有悠久的历史，我们的祖先在很久以前就开始对信息进行"变形"，并以我们可以感知到的方式呈现，如：听，看，触，嗅等等。

最初的人类把信息"变形"为声音，通过叫喊来传递信息，类似于今天某些动物之间传递信息的方式，在此基础上，诞生了口头语言。人类音节分明的声音语言系统，大约在直立人阶段就已经出现。语言促进了人类的发展，但也有很多不足，一是无法保存信息，就像世界上很多传统的民间手工艺制作方法，就是因为单靠师徒之间的口耳相传，而加以沿袭，而一旦出现传承的断层，这些古老的文化技艺就很容易消逝。二是无法准确地传达信息，因为同样的信息在人与人之间传播，经过不同的人的不同理解，就会与最初的含义产生极大的不同。

经过漫长的过程，古人迈出了信息视觉化的第一步。人类学会了将信息"变形"为"结绳"、"串贝"，开始朝着存储信息的方向发展。此后人们根据自己所能见到的物象实景，用十分简单的工具直接在地上或其他材质上进行描述，发现这样的方式也可以记载信息。这个时期的许多岩画、洞穴画充分显示出原始艺术家们再现现实形象的能力和对现实形象的抽象概括能力，在此基础上，出现了概括性较强的原始符号，这些符号就是文字出现的基础。到了新石器时代，农牧业的发展使物质消费品有了剩余，因而出现了一批"半脱产"以至完全不事物质生产的人：如一部分专门从事宗教活动的祭司、巫师、法师等，他们在已有的记事图形的基础上按照社会需要整理、编撰出第一批原始文字。这些人既是时代文化的集中体现者，也是原始文字最初的创造者。《尚书·正义》云："言者，意之声；书者，言之记。" 这两句话准确地说明了语言是信息的载体，而文字又是语言的载体。文字作为信息的载体，在被大众广泛接受后固定下来。根据前文提到的信息的特性，可以知道，信息是独立于载体存在的，载体可以替换，这也就是为何同样的一个信息，不同国家、不同语言、不同文字都是可以表达的。

从这点也可以知道，文章开头提到的对文字进行字距比行距还大的设计的问题所在，设计者进入了形式的误区，没有把握住文字其实是表达信息的载体，设计的目的是顺利的传递信息。所谓的字体设计，绝不能为了设计文字形式而设计。

文字语言是利用视觉媒介将信息"变形"，从而准备表达信息。社会的发展对信息传播的需求也在增加，信息量迅速攀升。龟甲、兽骨、竹木、绢帛等这些媒介都曾荣幸的充当过文字的载体，却无法满足因内容迅速增长而无比丰富的信息的需求。纸张的发明，使人们可以用毛笔等物在纸面上更便捷地表达思想，它与绢相比更便宜，相比龟甲、竹木等媒介则更容易利用。而印刷术的出现，又使得信息的批量化生产和拷贝成为可能，信息传播变得更加容易。印刷技术传到欧洲，加速了欧洲社会发展的进程，不仅促进了宗教改革和文艺复兴，也有助于欧洲多个民族的文字和文学的建立，甚至鼓励了民族主义建立新兴国家。印刷术还普及了教育，提高了阅读能力和增加了社会交流的机会。马克思把印刷术、火药、指南针的发明称为"是资产阶级发展的必要前提"。总之，几乎现代文明的每一进展，都或多或少地与印刷术的应用和传播有着关联。

造纸术以及印刷术使得书、报刊等各种形式的信息载体迅速发展，记载和传递信息的时效性大为增强，影响的范围和传播速度令人瞠目，以至于拿破仑这样来表达其惊叹：当欧洲开始使用动力印刷机，报纸随之而出现时，大炮摧毁了封建制度，而油墨将摧毁当代的社会结构。

当然，信息设计并没有止步于印刷。实际上，从它开始迈开的第一步起，就已经注定了它是无法停止的。信息变形为声波、电波或数字比特，都是人的感官不能直接感知，需要设备翻译后才能接受。人机交互设计正是研究这些设备怎样"翻译"才能更加满足人的感官体验的设计。

从"变形"的历程，我们可以认识到，人类不管怎样不断地对周边的信息进行着这样或那样的"变形",其目的都是为了让人类更加准确地把握住信息。这些为了准确感知而进行的设计所改变的只是承载信息的载体,而不是信息本身。

2.3

从设计形式到设计信息

信息视觉化设计

　　人的感觉系统可以区分为视觉、触觉、听觉、嗅觉、味觉以及运动与平衡感觉等几个通道。信息的意义就是通过各种各样的视觉载体、触觉载体、听觉载体、嗅觉载体等具体形式被人所感知的。信息设计实际上就包含了信息视觉化设计、信息触觉化设计、信息听觉化设计等为一系列感官进行的设计。

现实设计中,视觉是被最广泛利用的,也是传播速度最快的;听觉次之,但却是最能营造真实感的,点击书中的文字,图片,响起相关的声音介绍,音乐伴奏;触觉在当今的交互设计中被大大强调,在为盲人的设计中贡献也很大;嗅觉可以唤起某种深刻的记忆;而味觉在调动人的参与方面也大有作为。总之"一本理想的书应是体现和谐对比之美……视觉、触觉、听觉、嗅觉、味觉五感之阅读的舞台。视觉来自书籍中文字、图形、色彩、版式等,听觉来自翻页之声,触觉来自材料质感,嗅觉来自纸张、油墨气味,味觉的由来是书籍设计元素符号功能的具体化,是符号语义的再现而产生的味觉语言。"[1]从现有的研究结果看,人们在客观环境获取的信息中,视觉约占60%,听觉约占20%,触觉约占15%,味觉约占3%,嗅觉约占2%,由此可见视觉通道的重要性。依此也能得出,信息视觉化设计在信息设计中的重要性的结论。从某种程度上来说,目前有关信息设计的成果都来源于信息视觉化,甚至信息设计这个概念也是从信息视觉化设计过渡而来的。就连乌尔曼提出的关于信息设计和信息构筑(Information Architecture)的概念都基于信息视觉化设计。但是信息视觉化设计又需要在信息设计的大背景下来展开学科方法的探索和理论建设,它与信息设计的关系实际上是小概念与大概念、被包含与包含的关系。

---

[1] 吕敬人. 翻开——当代中国书籍设计 [M]. 北京:清华大学出版社 20.

从设计形式到设计信息

3

书籍设计中的信息建构

书籍设计中的信息建构

  信息视觉化种类繁多，出版物（书籍、杂志、报纸）设计是其中之一，从前面有关信息视觉化设计与信息设计的关系的论述，我的体会是，书籍信息视觉化设计应该包括两个环节：其一，是对大量数据的整理，包括内容的解读、分类、组织。这不仅要求设计者对逻辑架构和认知过程有很好的掌握能力，还要有通过语言和非语言的形式加工、组织和呈现信息的能力；其二，是对整理好的数据进行结构设计，并转换为合理的视觉形式。

在书籍信息视觉化设计中首要的是设计者对于视觉信息应具有敏感性和理解力；同时还应该对符号、字母、单词、句子和文章的易读性、图像的信息容量及它们配以文字后能否有效传达信息等有深刻的理解；其次还要具备空间感和设计能力。只有具备了这些能力的设计者才是优秀的设计者，也才能设计出视觉上简明，内容上丰富，易于理解的设计方案。虽然对于书籍信息的设计重点在视觉化的呈现上，但是也可根据情况同时兼顾到听，触，味，嗅。

总之，对载体的设计越到位，信息的表达就越准确。

另外，在书籍设计的信息视觉化设计过程中，书籍设计还是一个双向交互的过程。从设计者的角度来说，就是通过对原始内容信息的处理，来发现信息之间的关系、结构，寻找信息中隐藏的意义，并将其表现为物质载体；从用户的角度而言，就是利用载体，解读符号背后的意义。

书籍设计中的信息建构

3.1

书籍设计中的信息建构

书籍载体的设计过程
就是信息的构建过程

  书可以有效地呈现大千世界的信息，而信息在凝结成书这种形式之前，是以各种各样的面目存在的。不同的载体都有与其相匹配的语言形式。信息要在纸媒介中呈现，肯定要经历一个与纸媒介相适应的"分解"与重新"组合"的过程。在这个过程中，如何保证信息不会损失，不会被扭曲，而是"忠实"地被转化过来？这就需要设计师像追求"汇率"一样能精准地找到一个"等价公式"，将信息高效而完整地呈现出来。

  可是，与信息休戚相关的不仅是形式，还包括方式，有时方式反而是内容的核心部分。所以，对做书来说，改变书籍的视觉形式易，改变读者的阅读方式难，要想在后面这个层次上实现精准的"等价交换"，就必须实现更为深入的转换。

我们先抛开书籍的具体形式，不论空间形态、封面、环衬、扉页、序言、目次、正文体例、文字、图像、空白、饰纹、线条、标记、页码等，这样才有利于我们设计时跳出形式的束缚。而从研究原始信息、结构、物质载体三者的关系开始，重新研究书籍设计的实现过程：①从原始信息到建立书籍结构，这是不可见层面的工作，需要抽象概括的能力，才能将原始信息进行分类、组织和意义建构；②从结构到新的物质载体是从不可见到可见层面的工作，需要设计师具备演绎、推理等能力，这要借助符号学和语言学等手段，及隐喻的方法来完成。

从这个过程看，书籍设计就是通过将原始数据信息结构化，抽象出概念层面的层次结构，再将这个层次结构表达为具体的新的载体形式（可能是视觉也可能是听觉或其他，凡是能想到的）。

阅读的过程可以看作是一个由读者实现的"解构载体形态——组合精神意义"的过程。而书籍本身就是可以亲近的物质载体，我们打开、翻动、合上、浏览、查找、审视、选择、切换、把握、聆听、捕捉、触摸、呼吸、联想、思辨……在阅读过程中，各种感官会被调动起来，各种情绪得到召唤。然后，这些由多个途径形成的刺激信号再经过连接，在大脑中组合成相对确定的理解、想象或记忆。

通过解构的过程，读者依照感官的引领，得到原内容大厦的片片"砖瓦"，在阅读中重建书籍传递给我们的信息，对于一些探索性和参与性的书籍设计而言，设计者更是用设计去引领读者的感官，引导读者自己去建立、添加、完成内容。

从阅读的角度看，书的内容质量不但与书里"放着什么"有关，更与"如何放着"有关。或者说，这两者是一回事。"信息无形"，需要依附于载体。没有"如何放着"，就不会有"放着什么"；所以说，脱离信息的载体是毫无价值的载体，再美也是绣花枕头。

从著作的角度看，书籍设计就是设计师把作者脑海里的内容意义固化成某种看得见的结构形态——油墨矩阵和纸张雕塑的载体。在这个过程中多多少少都需要设计师与作者等进行多方的协作，这样设计师才能既忠实于原文本信息，又能对自我发现有所强调。

书有各种大小、形状、材质、色彩、轴线、秩序、空间、位置、逻辑、重量、厚度、弹性、质感、光泽、方向……它们的不同组合形成了不同的结构，支撑着不同的内容意义。书的物质载体形态的构成总是根据它所承载的思想，通过折叠、裁切、卷曲、黏合、堆积……建立起来，因而一定会呈现为不同的载体形态。

设计者的工作就是创造这样一个载体，建构一个合适的结构形态。

下面我们试从处理原始信息开始，进行设计方法的具体分析，目的是让每本书籍拥有它本该拥有的样子。

首先研究的是结构。结构的问题是简单的问题，又是复杂的问题。说结构问题简单，是因为人类认知活动本质上是结构的，事事、处处人们都会用结构的方法认识和处理问题；说结构复杂，是因为结构常常是隐而不见的，如果没有对结构的认识，就不会形成对事物全面的印象；更多的时候需要我们用智慧去构建。

结构的研究方法，使得人们在探讨信息结构时，总是归纳为几种固定的结构形式，但这是不足的。因为世界的丰富性和复杂性决定了认识的丰富性和复杂性，同时也决定了结构的多样性和复杂性。

因此，对于信息结构的认识，要从具体情况出发，根据其特点并结合呈现的环境等多种要素，进行不同结构的具体探索。

书籍设计中的信息建构

69

3.2

书籍设计中的信息建构

结构的概念

　　结构是一种普遍现象,世界上没有无结构的物质,也没有无物质的结构。天然的结构,还没有打上人工的烙印,称为自然结构;人类利用自然物,按照人的目的和需要制造的结构,称为人工结构。依照结构存在的方式,结构还可以分为空间结构、时间结构以及时空结构。

对于结构的认识，上世纪结构主义者的研究已经做了精彩的总结。一般看来，结构主义是无法回避"什么是结构"这个问题，事实上，"很少有结构主义思想家曾明确地阐述过这个概念的含义"[1]，它的难度在于，当你描述结构时，实际上你已经在某种结构的背景下来做这件事情，好比自己证明自己一般。

结构主义的形式多种多样，但对"整体性"的强调是共同的特征和纲领。结构主义认为事物都是一个复杂的统一整体，其中任何一个组成部分，其性质都不可能孤立地被理解，而只能把它放在一个整体的关系网络中，即把它与其他部分联系起来，才能被理解。结构主义方法的本质和首要原则在于，它力图研究联接和结合诸要素的关系的复杂网络，而不是研究一个整体的诸要素。

作为设计者，我们设计的正是这种关系，而不是某个单独的图片或封面。同样的原始文字和图片，为什么不同的设计者设计出的书籍不同，正在于不同的设计者对于关系的把握不同。

结构是有序的。结构具有"自身调节性"，从而带来了"结构的守恒性和某种封闭性"。[2]正因为这样，结构才能够把自身封闭起来。但结构的这种封闭性，并不意味着它不能以子结构的名义加入到一个更广泛的结构里去。而这种加入只是结构的

---

[1] J·M·布洛克曼. 结构主义 [M]. 李幼蒸译. 北京：中国人民大学出版社，2005：5, 6
[2] 让·皮亚杰. 结构主义 [M/OL]. 倪连生，王杰译. 天涯在线书库，http://www.tianyabook.com/zhexue/construction/001.htm.

总边界起到了变化，而加入的子结构本身的边界并未取消，这种加入，并不是融合在大结构里，而只是"联盟"的现象："子结构的规律并没有发生变化，而仍然保存着子结构的'封闭性'以及'联盟'的特征，使得结构系统呈现出'秩序'"。①

结构的独立性和有序性，从某个角度说明结构是可以拆分的。分拆开来的部分犹如大大小小的动物骨架是结构最具视觉特征的例证一样，它们是由长长短短、形状各异的骨头通过关节结成。没有结构的书籍，就好比一堆骨头堆在一起一样，是没有意义的，只有找到"关节"，动物学家才能将一堆骨头复原成一个动物的骨架，进而推测其外形。而这里的"关节"，即是设计者需要把握的"结构"。

《SHV 思考之书 1996-1896》是设计者为庆祝荷兰十大企业之一的 SHV Holdings 成立一百周年而设计的，设计者深谙结构的道理，但是却用了相反的设计形式，用无结构的方式来表达了对结构深刻的领悟。盲人摸象，有人说是萝卜，有人说是蒲扇，他们的错误不在于感官的错误，而是失去了部分"构造"在一起的整体关系。《SHV 思考之书 1996-1896》一书重达 7 磅、厚 2,136 页，一个绝对的大部头。摆在我们面前时，形成的感官刺激恐怕真和牵来一头大象相差无几。这部"涉及"哲学、社会、人生等各个角度对人类世界展开的思考，信息是

---

① J·M·布洛克曼.结构主义[M].李幼蒸译.北京：中国人民大学出版社，2005：5，6

巨量的，书中有 61 个章节的 61 个问题，如"你能听到露珠落地的声音吗？"或者"死亡能够成为朋友吗？"等等，内容几乎无所不包。有意思的是，全书没有索引，没有目录，没有页码，读者是否会感到无从把握？

但请注意，"把握"这个概念隐藏着结构主义一个巨大的陷阱：当你借助目录，页码来把握书的内容时，已经被结构把握！从而失去了自我发现，失去了自我塑造的阅读欲望与能力。

这里没有索引，章节与章节之间没有必然的联系，就连章节内部的页与页之间也没有严密的上下文的起承关系，你的阅读可以从任何一页开始，也可以在任何一页结束。设计者完全领会创作者的意图：读者的思维不能被固定下来。不同的人——不同的阅读方式——不同的思维，这才是意义所在。犹如瞎子摸象，每次去摸时，摸到的也不一定都是耳朵。所以不同的阅读引发的不同判断，才能使思维的累加让人无限接近真理。

书籍设计中的信息建构

4

对于关系的设计

对于关系的设计

关于结构概念的分析，使我们认识到元素之间的相互关系，是结构的基本特征，它形成了事物的整体，使整体具备特定的意义和功能。将原始的零散的信息纳入书籍的设计过程，就是部分到整体的转化过程。而书籍设计的目的在于使信息形成一定的结构，表达一定的意义。

我们首先要做的工作是信息分类和信息组织，区分不同素材的意义并将其分类组织和管理。

4.1

对于关系的设计

78

原始信息分类

任何事物都可以从定量和定性这两种角度来理解。原始信息据此可以分为定量数据和定性数据，简单的解释，就是定量数据告诉我们"有多少"，定性数据告诉我们"是什么"。

确切来讲，定性的数据未见得可以定量，但没有定性的定量数据是没有任何意义的。这就好比说"20"，它是无意义的，它可以是 20 个创作者、20 页文字、20 张图片，也可以是 20 个要点，20 个产品。但它就是 20，无属性，使你茫然。

定性数据可以有许多类别的细分，从空间上可以是上、下、左、右、里、外，从时间上可以是年、月、日、时。一个设计可以使用一系列的定性数据，从而形成一个由"量"来说明问题的整体。

事物的关系不管有多少种，可以概括为三种类型：无序型、有序型以及区间型。无序型数据之间没有内在的排序，没有先后，那部分都可以是第一，也可以是最末。有序型指数据之间有必然的顺序和联系。很多图书信息都具有这样的性质，要么是时间的顺序，要么是重要程度的顺序，等等。区间型指通过再结构形成的顺序。例如一个公司，从职员到经理的全部员工，假定是 200 人，200 这个数字是笼统的、无序的，但可以通过再结构把它分成 4 个区间：领导 3 人，中层干部 10 人，基层干部 30 人，普通职员 167 人，或者根据年龄分成 23~32 岁，33~42 岁，43~52 岁，52~60 岁这样几个区间。对原始信息的分类实际上是一个建立"概念"的过程和"命名"的过程。我们之所以能够建立不同的类别，就在于我们能够赋予类别中的不同事物以名称和概念，以标注其不同于或相同于其它事物的特征。所以，"从某种意义上讲，人类的文明史是从懂得如何分类开始的"①。人们既可以通过分类来认识与区分事物，也可以通过分类使大量的繁杂事物条理化和系统化，从而为进一步探讨事物本质、探索未知领域创造条件。

关于分类的方法，从古典的论著到今天的信息管理科学都有论述。有人曾提出一个基于传统的分类方法的不同分类视角：以"我"为参照物的分类方法以及以"我们"为参照物的分类方法。

以"我"为参照物的分类，是将"我"与"外部世界"作为两个对立部分，从"我"出发对世界的认识和分类的方法。这个视角所依据的工具是人的感觉器官。人在认识外部世界的时候先以自身的身体作为"容器"，来建立对外部世界的空间"方位"的认识，例如：上下、里外、前后、高低、深浅等，然后在此基础上再建立其他概念②。以"我们"为参照物的分类，是用社会性群体力量的随机选择作为分类结果的方法，这是一个开放性的分类，将事物特征的描述通过"可能性"来表达，这种可能性有多少，取决于社会认知的统计值。以"我们"为参照物的分类，强调的是大众共同的感受。

《重访非洲》的设计者深知这个感受，利用"我们"对事

---
① 王丙艺.信息分类与编码 [M]. 北京：国防工业出版社，2003：39.
② 冯小虎.隐喻——思维的基础 篇章的框架 [M]. 北京：对外经济贸易大学出版社，2006：112.

物的认同，凭借一本书，带领读者亲历那个"曾经"。非洲的某一地区曾经生活着无数的水牛，但由于人类无休止的滥杀，在曾经的水牛家园再也见不到一只水牛了。荷兰富豪 Paul van Vlissingen 在非洲旅行时突然萌发了重建这一童话的念头——他买下了这个地区，再经过各种途径从非洲各地搜罗了数量庞大的水牛，把它们运回这里，重建了水牛家园。设计者接受邀请，要把这值得纪念的事件保留下来——做成一本书——让童话继续延伸：把情境密封在那摞纸中，等待读者去开启，去体验那曾经的"真实"。事件发生在万里之外的非洲，而书则诞生在荷兰，读它的人可能在地球的任何地点。想要重建同样的体验，却需要面对完全不一样的现实——时间、地域、语境……最终，我们看到：书的个头很大，远远超过一般开本，简直就是一头水牛的体量；封面很厚，外面包裹着一层砂纸，触摸之下与我们摸在水牛皮上的触感无异，更细节的是，黑色的砂纸上面的文字通过绒毛来表现；水牛很大，所以大部分画面上都是在触摸水牛，相对于"我们"的尺寸，对应着水牛的局部；照片由三种不同的黑色叠印出厚重的效果；文字页面的底色不断变换，你可以从中回味整个运送水牛过程中自然与人文环境的连接与交替；文字是银色，给了整个事件一个童话般的感觉……

2.4

对于关系的设计

83

4.2

对于关系的设计

原始信息组织

数据的组织同分类的区别在于前者以后者为依据,对分类之后的数据进行关联,以助于比较和分析。

数据组织并不是一个新鲜的话题，人类组织和结构信息的历史已经有几千年了。我国是最早有书籍的国家，汉代的时候，刘向、刘歆等就根据国家藏书编成中国第一部综合性分类目录《七略》。到了唐初，魏征用经、史、子、集的方法来编纂了《隋书经籍志》[1]。至此，奠定了中国图书编制目录或排列图书的基本方法。清乾隆三十二年（1773年）编《四库全书》时，在经、史、子、集四部之下分为44大类69小类，更加完善了四部分类法。公元前330年时，亚历山大图书馆就藏有120卷的书目。印刷术促进了图书的繁荣，知识的管理成为重要的命题。1873年，杜威（Melivil Dway）发明了杜威十进制系统作为组织和查找日益增长的图书的工具，一直沿用至今。后来，比利时的奥特勒（P. Otlet）和拉封丹（H. Lafontaine）又在其基础上扩充而成《国际十进制分类法》[2]。

乌尔曼（Richard Saul Wurman）在其著名的《信息焦虑》一书中，提出了组织数据的五种方法：类别（Catagory）、时间（Time）、位置（Location）、字母表（Alphabet）、序列（Continuum）。后又在《信息焦虑》再版时，以层级（Hierachy）取代了序列[3]。乌尔曼认为无论如何具体运用，组织数据的策略是有限的。

信息设计理论先行者内森（Nathan Shedroff）认为，研

---

[1] 赵其庄. 古代图书分类体系与我国传统的知识形态 [EB/OL]. http://www.chnlib.com/Zylwj/fenleiybianm/ 200701/2485.html.
[2] 周宁. 信息组织 [M]. 武汉；武汉大学出版社，2004：44~45.
[3] William Lidwell, Kritina Holden, Jill Buter. Universal Principles of Design[M]. Rockport Publishers, 2003:84.

究数据的组织结构这一简单的过程可能看似无用,其实常常能通过这一过程发现之前你"未曾见到过的东西"。他同时建议"要认识到事物的组织构造可能会影响到我们对其各个分离的组成部分的理解和解释"。内森也提出了组织信息的七种基本参考方法,即字母(Alphabet)、位置(Location)、时间(Time)、序列(Continuums)、数字(Numbers)、目录(Categories)、随机(Randomness)。此时,还提出两种综合组织方法,即高级组织(Advanced Organizations)和多重组织(Multiple Organizations)。他认为方法的使用"归根到底取决于用户喜欢什么"[1]。用什么样的方法来组织数据的信息,取决于信息自身的特点以及用户的参与方式。

　　《最佳图书》的设计者就是分析了此书的特点,对原始信息进行重新组织,产生了新的结构。我们早已习惯于对那些"必然"的接受,翻开书籍,书是一页接着一页的,1之后是2,2之后是3,接下来4、5、6、7……这套最正常的数字序列被用作书的页码,简直是必然中的必然。按照这种阅读逻辑的"必然",作为一本展示书籍设计佳作的集子,它的读者总是在某本书的彩色封面展示之后紧跟着看到一张黑白的内页介绍文字。然而,《最佳图书》的设计者,却把一本书做出了两本书,一本是关于书籍的封面设计,另一本是关于书籍的内页设计。他找到了一种特殊的装订方式,把书从后往前翻,你看到的都是封面设

---

[1] Nathan Shedroff. Information Interaction design: A Unified Field Theory of Design. Information Design[M]. MIT Press, 1999:267-292.

计；把书从前往后翻，你看到的都是内页设计。为了让这种效果更加明显，设计者选用了 Chromolux 纸，所有封面设计均以四色印在有光的一面，内页设计则印在无光的一面。书中的摄影图片与实物的比例是固定的。设计者故意将一半的书页截短，每隔一页就会出现一个边缘略短的页，"世界因此改变了"——当你把书拿在手中，从左向右翻，页码"2，3"之后跟的不是"4，5"，而是"6，7"，之后是"10，11"……所有的黑白页面隐去不见，看到的全部是彩色页面（所有书籍的封面部分），而从右往左翻则正好相反。此书的用纸相当柔软，封面甚至采用了一种绒纸，保证了多角度翻阅也不会损伤书的形状。这一设计说明在设计师的努力下，书以另一种结构呈现不但是可能的，而且是可行的。

读书的过程绝对不像是打开柜子把东西取走那么简单，有时候，人的参与直接影响着信息内容的最终形成。

《运动》一书，掌心大小，纸张的材质与韧性非常适度，非常适合与手指的互动。你所得到的内容将在你的参与下慢慢展开，用左手翻，你得到的内容是"outside"（外面），书的侧边上能清晰地看到字样"外"；用右手翻，你得到的内容是"inside"（里面）"内"字同样出现在书的侧边。书的每一页都有洞："内"和"外"都能看见，它们彼此紧紧地联系在了一起。

　　从上述的例证，说明从原始信息到结构生成的过程中，分类和组织的办法是非常有效、清晰和生动的方法，利用这些方法，读者可以在阅读中，体验到前所未有的轻松。可以更有效地获取到信息。

5

对于层次的设计

90

对于层次的设计

　　本书前文关于结构概念的阐述还有另一层意思,那就是子结构具有独立性,当它加入更大的结构中时,能够保持这种边界的独立性。因此,结构体系呈现出层次和秩序。所以从时间、空间以及时空的维度来分析,信息在秩序上也可进行构建。

　　我们常常用时间和空间来分析事物的存在。通过经验感知事件一个跟着一个发生,从而形成了时间的概念;我们通过实物的存在理解空间的三维概念,这种结构思维的方式代代相传,成为经验和必然。从原始信息数据中经过分类,组织所得到的这些子结构,如果安排到一个更大的结构中,子结构就会在空间中形成层次关系,同时也影响到我们对事物更新的认识。

5.1

92

对于层次的设计

从时间上的安排

  时间给予我们向前的感觉。在前一个时间发生的事情已经成为不可触及的过去,在下一个时间发生的事情是可以期待的前景。奥地利灯具企业 Zumtobel 的编年记录集《光年》,里面的内容非常繁杂。格言、书信、人物肖像、产品照片……几乎没有任何规律可言,但就在这个表面上的"无规律"背后,在时间的逻辑下,所有的内容各就各位。从 2000 年回到 1950 年,一条时间线出现在页面边缘,一直贯穿始终。当读者阅读的时候,你面前的一页,永远意味着"当下",向前翻走向"未来",向后翻则回到"过去"。

时间，总是不紧不慢，但却异常坚定地向前走着，把我们不断带到一个叫"未来"的地方。实际上，在我们谈论时间的时候，时间本身就是人类认识世界进行结构的产物。时间向前的感觉，使得人们经验性地产生用"从上向下"、"从左到右"和"从外到里"的心理模型来表达结构。由于时间的结构又称为线性结构，所以，它又具有两种形态：直线结构和等级结构。

数据结构中的线性结构指的是数据元素之间存在着"一对一"的线性关系。它有四个基本特征：

1. 必存在唯一的一个"第一个元素"；
2. 必存在唯一的一个"最后的元素"；
3. 除最后的元素外，其他数据元素均有唯一的"后继"；
4. 除第一元素外，其他数据元素均有唯一的"前赴"。

人类常常都是一件事接着一件事来思维，有前因，有后果。线性思维是人们习惯的思维方法和叙事方法。所以，由人类编纂的小说的叙事方式，就是线性的。

95 对于层次的设计

5.1.1

对于层次的设计

直线结构

　　数据元素是一个接着一个的排列，排列之间也许是因果的关系，也许是时间的先后，或者是其他逻辑关系，总之是一个元素跟着一个元素的呈现。

《Vitra 办公活力第 6 辑》用通透的空间，讲述了一个又一个的故事。作为此书的委托方，Vitra 家具公司拥有很大名气，其产品涉及办公、休闲等诸多社会领域，市场几乎覆盖全球。在公司看来，他们的产品参与了全世界各个角落、各样人群的各种生活之中。为了与这个概念相适应，设计师用一幅幅图片反映了一个个现实的场景：联合国会议室的圆桌旁，各国代表正在就时下议题慷慨陈词；法兰克福机场的休息厅中，几个来自里约州的商人正在轻声讨论最近的汇率变化；内罗毕一家度假旅馆的大床上，一对日本夫妇已酣然沉入梦境……所有这些看似无关的独立事件都是因为 Vitra 家具的存在而产生了关联。

　　纸面上的孔洞极大地影响着内容的逻辑关系，类似"翻页器"的效果。通过巧妙地安排每页上圆孔的位置，设计师确信你肯定会看看下一页，以满足好奇心，从而在有意无意间创造出了一幕幕"戏剧"，使读者可以摸索出诸多不尽相同的表达意义。比如书中某页是各种设计精美的座椅，而透过圆孔，可以看见设计者大笑时张开的嘴巴。某个页面中，读者能够明显的窥视到下页的一小圈文字，这当然是邀请你去读完所有的文字。这样的逻辑结构也许要求读者的注意力要高度集中，你记得越清楚，这些孔越能制造出更多的意义。不拖泥带水又易于传达的文字版式进一步增强了图片的叙事性。这是一个没有真相，意义被隐藏，直至把书从头到尾读完才会结束的游戏。

数据元素间也可能没有逻辑，没有因果，因此可以比较灵活的安排元素间的前后位置。每个元素都可能是第一个，或者最末一个。在特殊情况下，元素的内容可能完全相同。从而以重复形成结构的特征。当然，在大多数情况下，数据元素是不同的。元素间没有逻辑关系，没有顺序，但是每个元素都又不同于其他元素。

在设计《Otto Treumann 设计作品集》时，设计师规则、重复的罗列视觉元素，全书的翻阅过程是在一种"放大"的逻辑下展开的，对全部作品做了一番从宏观到微观的浏览。封面上，几百个作品构成了一片星云，读者可以建立对 Treumann 作品的整体印象；接下来，镜头拉近，视线将越来越集中到各个设计的画面本身；到最后，看到的则是印刷的细节处理了。

再如《巅峰在望 2004》，整本书就是一座高山，前后环衬安排了全书所有的文字，就像我们在远处遥望壮美的大山，可以看见大山的整个轮廓；每个章节的主页面安排了本章节的全部文字，是环衬的一部分被放大，好像我们即将到达大山的一座山峰，可以领略到较为细致的景色了；当我们翻到页面时，清晰的文字出现，就像我们终于到达山里，可以仔细的欣赏具体的景点了。

这种结构在本质上是一种放大缩小（Zoom out/Zoom in）的结构，每进一层，就放大一次，你就可以看到更细致的内容，反之亦然。

还有一种类型是，线性结构上的每个元素，本身都是一个子结构，这些子结构作为整体的一部分存在，但也是相对独立的。在线性结构上，这些元素还有着自己的内涵和精彩。这种类型也可以叫做分层，避免了同时将过多的无用信息同一时刻展示出来，让人不知所措。

《Mur Mur》是荷兰设计师为艺术家 Ellen Gallagher 设计的出版物。艺术家想展示自己几种风格的作品。设计者经过无数次实验，找到了完美的解决办法，他设计了五本不同的书——四本能来回翻动的动画书，一本图画书，并找到一种方式——环圈，将这五本不一样的书连到一起。书与书之间的连接毫不勉强，有浑然天成的感觉。通过环圈，可以分别翻动四本动画书，从前往后或从后往前都能看见动画。封面版式契合了动画概念，各影片标题被写在封面，镜像处理后又用作封底。同时，整套书的标题"Mur Mur"从一本书推移到另一本书上。平日我们设计书籍，总是把页与页紧紧地连在一起，连成一个稳定的空间，给内容确定出一个固定的逻辑。也许，这很有效，但这何尝不是一副枷锁。锁住页面序列的同时，也锁住了内容的变化。而每个章节都独立成册的《Mur Mur》，在章节与章节之间实现了无线连接。每册的面和底靠近书脊部位各装有一块磁铁片，这样，读者可以自由地组装各册。本书关于影像的，自由的连接方式似乎也给了读者一个自己做剪辑师的机会。

分层结构是一个有效的数据结构方式，实际上，在后文提到的等级结构和非线性结构中，都存在类似的情形。

5.1.2

对于层次的设计

等级结构

　　线性结构是单一线程的结构。而我们身边的事物，多是在多线程的状态下运转的。这种多线程结构模式，在今天是非常常见的。计算机的文件目录结构就是这样的结构，也就是我们常说的目录树。它从一个元素往下，细分为几个，这几个元素又往下细分为几个……就像是树木的枝干一样。

等级结构是我们最熟悉不过的结构。人类的知识系统、文化系统和政治系统就是在等级结构的基础上建构的。这是组织信息、构建逻辑、表达思维和呈现结果的一种重要方式。国家政体的组织，单位的部门组成……自然界中，除了前面提到的树木的枝干结构外，河流，山脉的关系结构无不是等级结构。我们在书籍中运用最多的"章、节、目"的等级形式也是这样的等级结构。

等级结构强大的优势清晰的呈现了数据的等级关系，有利于问题的说明和解决。等级结构的不足之处在于，面对庞大的原始信息，由于等级的细分，导致最后一层异常庞大。书的页面是有限的，同一时间只能清晰的呈现一组信息，在阅读图书的某页时，想起刚才看的另一页的某一个相关词，想马上准确地定位到那个词，特别是信息很大时，将是一个艰难的过程。

105 对于层次的设计

5.2

对于层次的设计

106

从空间上的安排

　　人们的空间意识是在日积月累的生活中形成的。人类站在"我"或"我们"的立场上，建立了内、外，高、低，大、小的"空间"。又在"我"、"我们"之外建立了"大"空间，例如二维的球场，三维的大楼等。空间中有秩序，例如，人体"内"部的器官就是在三维空间中有序地排列着。

5.2.1

对于层次的设计

108

二维空间

二维空间我们再熟悉不过，就是我们从事书籍设计天天打交道的"纸张"。二维结构又是三维的基础和单元，二维的纸张的堆叠，就是三维的书籍。

二维结构是基于平面坐标系统的。从参数和变量出发，研究平面内不同参数和变量的差别，从而判断事物的原因、特征和性质。1973年，法国制图师夏克·伯庭（Jacques Bertin）定义了七种视觉变量来阐述变化[1]，分别是位置、尺寸、灰度、肌理、方向、色彩和形状。在建立视觉关系的时候，依靠这七种变量的变化对比的研究是非常有用的。

在书籍设计中，页面中各种元素都可以按照这七种变量来安排，文字、图形可以形成各种各样的变化……

书籍中出现的图表的设计也是依据这一方式：

提到图表设计，不能不说法国工程师明纳德（Charles Joseph Minard）绘制的1812年拿破仑发动的那场注定会失败的征俄战役图。

该图为图解诸如特定空间与时段下人与物资流量这样的统计数据制定了卓绝的标准。Minard所作的这张图，被图夫特（Edward Tufte）誉为是迄今为止最好的统计图表。这幅图使用了好几种二维变量：线条的粗细表示军队的强弱，数字指示关键转折点的军力。从左到右：

[1] Paul Mijksenaar. Visual Function: An Introduction to Information Design[M]. Princeton Architectural Press, 2002:38.

——图像顶端最粗的线条表示最初渡河的 422，000 人，他们一路深入到俄国领土，在莫斯科停下来的时候还有 100，000 人左右。从右到左，他们朝西走回头路，渡过 Niemen 河的时候，仅仅剩下 10，000 人。随着大部队和余部会师（比如在渡贝尔齐纳河之前），图中显示的数字降中也有升。

　　——图的下半部分是从右往左看的。它用列氏度（将列氏度乘以 1　可以得到相应的摄氏度，例如 -30°R =　37.5°C）显示了法国军队从俄国撤退时的气温变化。从莫斯科的接近 0°R（译注：原文此处未写明温度，该数据由原图推断得出。）到这次灾难性冒险结束时的 -30°R。

　　单纯的作图以非常形象的方式表示出了事件的规模以及在短短几个月里法国军队每况愈下的过程。这幅地图很实在地告诉我们数据视觉化和图像的交流的魅力：这幅地图通过各种不同的手段，仅仅用图像就描述出征俄战役惨败的各项重要数据，以及这场灾难是如何发生的。信息设计及稍后出现的数据视觉化的长处之一就是它能减少看懂一个特定事件的来龙去脉所需要的时间，同时还能够更好地突出重点。

　　如此流畅并令人信服地传递出这么多信息，这张图，不能不令人倍感惊异，也许真的是前无古人后无来者。依此看来并不是那些只有变量的事情才可以利用坐标,而是任何问题,包括抽象的问题都可以在视觉的结构下呈现出来,并达到揭示其规律之目的。

113

对于层次的设计

5.2.2

114

对于层次的设计

三维空间

　　单纯的一张纸，人们一般都会忽略它的厚度，把它看作是二维的物体。但这二维的，厚度几乎可以忽略不计的纸张，经过一定规律的折叠后，单张纸的形态就演变成三维的、具有一定空间的立体形态。

日本设计师杉浦康平先生以生动的语言和精确的计算描述了从一张纸开始的故事："纸是有自己厚度的三次元物质。但是铺在桌上的薄纸乍一看却令人感到它是只有表面的二次元物质。但是我们把纸拿在手上，把它对折再对折，于是纸被赋予了生气。纸得到了'生命'，马上变成了有存在感的立体物质。例如将折了四次的纸三面裁掉，就可以变成八张折纸，双折的纸合4页，而折四折的纸则变成有32页的小册子。再折一次合64页。假设纸的厚度为0.1毫米，那么64页的小册子就变成了有3.2毫米厚的物体了。一张薄薄的纸从二次元转变成三次元，产生了一个戏剧性的变化。例如将四册这样折成的纸束叠在一起，用线订好，就变成了256页（12.8毫米）的一本册子了。将它用硬纸封面包好，做上环衬，一本书的形态便应运而生。"[1] 整开纸的多次折叠和累加，形成不同厚度的书籍模体，只有再给其加以灵魂的文字，配上环衬、书封等构件，就构成了具有三维特征的立体书籍。

如同二维结构对应的是平面坐标系统一样，三维结构对应的是三维坐标系统，也就是三个不同方向的平面维度共同搭建的空间。

设计师在为荷兰邮政设计的《荷兰邮票》一书中，用三个维度形成了并行的三条轴线。其中，讲述荷兰邮票设计体系整

---

[1] 杉浦康平. 造型的诞生——图像宇宙论[M]. 北京：中国青年出版社，2002：158-159.

体发展脉络的内容依托一个横向的轴，走向与装订线呈90度角；和每件具体设计及设计师相关的内容依托一个竖向的轴，走向与装订线平行；而和该设计有关的背景内容则依托一个纵深的轴——每个页面背后都藏着夹页，纸比较薄，当读者在阅读正面的设计内容时，里面的背景信息也会透出来，供读者对比和想象。

通常来说，图书是一个典型的线性结构的产品，因为其内容组织方式就是线性的。如果我们对这个线性系统稍微改动，去掉其中的层级，将所有隐藏在后面的东西都提到同一个层面，就得到了非线性结构的图书。一份外国画廊的印刷品，通过长短不一的页面版式将压在后面的内容的标题从视觉上提到了同一个层面，读者就可以根据喜好直接阅读各个部分的内容，而不是逐页翻看。

三维空间是一个非线性的结构。三个维度的空间结构提供了阅读的更多选择，不一定非得从第一页读到最后一页，可以根据选择不同的方式来得到不同的结果。非线性和线性是一对重要的关系。我们面对的大自然是复杂的非线性结构，线性结构不过是人类为了配合自身的思维习惯和认知习惯而创造的非线性作用在一定条件下的近似，从而用线性结构来认识世界，理解世界。

非线性结构有两个优势，一方面，非线性结构可以同时显示一个主题的所有维度，具有直接性；另一方面，非线性结构允许交叉导航，提供给用户多种探索内容的途径和可能性。

因为在同一个水平层次的内容是非线性的，如同我们面对地图一样，我们的视线是随机跳动的。这和我们看报纸一样，在阅读的时候，眼睛迅速浏览一下有没有自己关注的内容，就能决定看还是不看。举一个转换非线性结构到线性结构阅读方式的例子：荷兰某画廊的咨询设计师针对这样的阅读习惯，他们把每一期的内容都印在8开的纸上，然后折成16开的大小，因为内容长长短短不一，所以折页的方法每期不同。读者每一次拆开不同的形状，就会阅读跟形状相应的内容，通过这一精心设计的阅读方式，将印在8开纸上非线性结构的内容转换成16开尺寸的线性阅读的内容，使读者在独特折页结构引发的兴趣下，将更多的时间和耐心留给了画廊精心编写的内容上。

纯粹意义的非线性书籍设计较少存在。这是因为非线性书籍是随机的，几乎没有明显的结构，除非为了达到特殊的目的。前文提到的《SHV思考之书1996-1896》就是纯粹的非线性设计。读者每次进入都可以看到不同的东西，给读者一种阅读的期盼。

《Ange Leccia》也是纯粹非线性的例子，这是荷兰艺术家 Ange Leccia 委托设计者为其在海牙 Stroom 艺术中心举办的展览设计的画册。艺术家提交的原始材料明显地影响着设计师对于版面的思考，最后导致了这种特别的结构形式。艺术家 Ange Leccia 的作品是由照片拼贴而成的。不同时间、不同地点发生的"客观影像"被作者按照非线性的结构并置在一起。在这里，形式，也就是并置在一起的照片，只是作品的外在表现，而照片必须与作者的主观性并存才是作品真正要表达的内容。此书的设计如果不能给读者提供令其主观性得到同步体现的机会，那就谈不上信息的"忠实"与"等价交换"。在这里，书页的连接关系不是确定的线性结构，如果是线性结构就失去了"主观并置"的余地，然而这本书通过折叠，页面的排列方式开放了：10 张纸、10 张照片，每张纸的正背两面都印上同一张照片。读者在阅读时，可以根据自己的意愿决定每张照片呈现的方式，大小与顺序，也可以决定哪张照片与哪张照片并置。从而展现出原作者的初衷。

　　提到非线性，不能不说超文本。现在网站中大量的非线性的行为往往是由超文本来实现。超文本是一种用户接口模式，用以显示文本及与文本相关的内容。现时超文本普遍以电子文档的方式存在，其中的文字包含有可以链接到其他字段或者文档的超文本链接，允许从当前阅读位置直接切换到超文本链接所指向的文字。超文本的格式有很多，目前最常使用的是HTML（超文本标记语言）及RTF（富文本格式）。我们日常浏览的网页都属于超文本。其实，超文本不是进入电脑时代才有的概念，超文本的概念源于美国的万尼瓦尔·布什（Vannevar Bush，1890年-1974年）。他在20世纪30年代即提出了一种叫做Memex（memory extender，存储扩充器）的设想，预言了文本的一种非线性结构，并于1939年写成文章"As We May Think"，于1945年发表在"大西洋月刊"上。该篇文章呼唤有思维的人和所有的知识之间建立一种新的关系。由于条件所限，布什的思想在当时并没有变成现实，但是他的思想在此后的50多年中产生了巨大影响。

我们还可以看到，在某些图书设计中，设计会将一本书一分为几本，这几本书又可以组合成一本，读者可以通过页码、色彩等超文本链接，自由地在几本书之间做出丰富的解读选择。

超文本的优点在于通过提供任何内容之间的关联手段，可以意外的发现别的内容。但由于超文本有很强的个性化色彩，使事物之间的关系对某人是清楚的，对另一个人就可能不清楚，所以超文本导航也容易招致"迷路"[1]，所以超文本最好作为其他信息结构的并用手段。

---

[1] Kandogan E, Shneiderman B. Elastic windows, evaluation of multi-window operations[M]. Proceedings of CHI international，1997.

非线性结构本可以更加广泛利用，只不过为了满足人的认知习惯和适合纸张大小的呈现方式，往往需要同其他结构一起使用。

5.2.3

对于层次的设计

122

时空交错

前文提到，时间表现的线性结构是人类为了认知的方便而设计的理想化的结果。空间表现的非线性也是人为的理想结构，时空交错的结构更接近于周遭复杂的世界——它美丽、危险、拥挤、空旷、温暖、混乱、严谨、刺激、安宁、好玩、恐怖、遥远、复杂、变幻、清澈、柔软、坚硬、沉重、平坦、粗糙、模糊、强烈、流畅、精巧、博大……

一本书里到底包含了多少信息呢？书中凝聚的是人的思想世界，这个世界是广博、深邃、变化万千的。所以一本书就是一个信息数据库。

苏黎世艺术大学的约根和马格努斯用数据库处理的手段对《Total Interaction》一书中的每篇文章做了视觉化的结构分析[1]。

多个图表，分别采用了文字频率维度、段落维度、作者维度、词汇语义维度等多个视角，在我们看到这一个个图表的同时，对于书中要讲解的内容已然有了全面的了解，在阅读或者阅读后，可以根据不同的需求，随时快速高效地找到需要的信息。此书在多个维度上从深度和广度上对文章内容进行了挖掘。

荷兰企业家 Frist van Vlissingen 的女儿联系到设计者，想为父亲做一本"友谊之书"。这本书是 Frist 个人生活及职业生涯的、时间跨度长达七十年的多维结构的视觉自传。女儿已经从亲朋好友那里收集了二百多张素材，它们是与 Frist 有关的信笺、家庭照片、个人画作等。像这样一本书，通常都是琐碎乏味的，设计者必须找到一个巧妙的方法：将琐碎的人生片段联系起来，将页面信件和记叙联系起来。最终设计者将这本书做成每页均可对折的形式，并且用那些素材做引导（在折页的内侧），使 Frist 的事变得可视。页面内侧是信件，外侧是记叙，

---

[1] Gerhard Buurman. Total Interaction[M]. BirkHauser, 2004:52.

在外侧可以看到 Frist 居家、求学、工作时的人生片段。该书一共分成 10 个章节：每章记录 Frist 人生中的七年，配以父女之间的访谈文字。不同时期的划分是可视的，就像是一种色彩编码在页边部分的图例——每 7 年，上面的蓝色就会变化一次。此书是女儿为了父亲去世前的最后一个生日所做。它相当于一个资料馆，里面盛放的都是家族陈年旧照、私人信笺、各种文件等。照片摆放得并不整齐，就跟一直放在早年的老相册中一样，信件也还像是在抽屉里的样子……"回忆录"将 Frist 的一生进行了无数次的"闪回"，展现了所有与感官息息相关的非线性、非逻辑的回忆。设计者依靠图像叙事、结构铺设、材质运用，表现了发黄的照片，褪色的字迹，那些游丝若断的气息，在斑斑驳驳的色彩中，埋藏了许多珍贵的记忆。

　　书的内容不是有序的线性连接，而是由点点滴滴组成，这是"不由自主的回忆"。纸非常薄，每页之下都朦胧地显现后一页，每页之上都似有似无地映衬前一页，经过层叠的图像仿佛变得无可言说，就像某一个记忆的时刻，自己也不能清楚地辨认出记忆中那个轮廓。或许，他刚刚努力记起照片里小女孩的微笑，而夜晚弥漫在潮湿空气里的玫瑰花香就一下子钻入他的鼻孔，某一感觉在他心中还没有牢固的成型，后一种感觉又接踵而来……

同样，书中也借助了"自主的回忆"，一条潜在的"时间线"贯穿始终，色彩出现在页面的边缘，从深蓝到浅蓝，即从时间的深处慢慢走近。而生命中的重要时刻，设计者都特别标记了出来：婚礼，孩子的出生，父母的葬礼，分别对应着红、黄和黑。

时间可以带走一切，似乎没有永恒的东西，但书籍这种载体又似乎做到了"永恒"。

时空综合的方法是非常有效的数据结构方法。每一个视角维度都不那么明显，但它们都代表了事物的某些特征，当我们对这些视觉维度进行处理的时候，要牢记它只是部分，而不是整体。复杂的结构都是由这些不同维度的信息重新整合，最终用简洁、清晰和有机的形态表达出来。当人们谈论图书结构的时候，往往轻易就下结论是线性的，而事物的复杂性就在于我们并不知道哪种结构是必然和永恒的。数据库和超文本，多维空间、时间，这样一些理念的加入才是改变图书面貌的一个重要手段，也将大大拓展用户同书籍间的信息交互。

127

对于层次的设计

6

人性化设计

人性化设计

　　有的时候，已经得出成熟的结构方案，但是结构还需要重构。既然已是结构化的东西，为什么还需要重构呢？这是因为决定其结构形态的要素是多重的。前文从原始信息经过分类组织到时空架构的论述，将结构一直设定在内容信息上。但是，信息结构的最终目的不是结构自身，而是为人解读、为人所用、所以"人"这个要素在设计中应该占据重要的位置。

6.1

文字的设计

  人们常常把文字与信息二者合二为一,从前文的叙述中,我们知道信息的特性之一是具有独立性,信息就是信息,文字只是信息的载体。但是,这个载体会直接影响到信息的清晰度[1]。文字几乎与信息融合的特性使得文字的易读性直接意味着信息的清晰度。

---
[1] [加] 埃里克·麦克卢汉,弗兰克·秦格龙. 麦克卢汉精粹 [M]. 南京:南京大学出版社,2000:184-192.

19 世纪晚期，西方的自然科学知识大量传入中国，汉文传统的竖排方式已无法合理地处理其中的外文、数学公式和表格，为了避免竖排所产生的格式不统一、版面不美观等缺点，出版业开始尝试采用西文的横排方式编排书籍。自商务印书馆 1904 年出版了我国第一部汉字横排书——严复的《英文汉诂》后，国内书籍采用横排方式日渐成为主流，在 1955 年文化部的统计数据中，横排的书籍就已经达到了 80%的比例。

关于横排与竖排的优劣，早在 1917 年，《新青年》第 3 卷第 3 期上发表的钱玄同写给陈独秀的一封公开信里就曾说过，文字的阅读和书写都是横行便于直行。1952 年郭沫若在中国文字改革研究委员会成立会上也谈到："就生理现象说，眼睛的视界横看比直看要宽的多。根据实验，眼睛直着向上能看到 55 度，向下能看到 65 度，共 120 度。横着向外能看到 90 度，向内能看到 60 度，两眼相加就是 300 度，除去里面有 50 度是重复的以外，可看到 250 度。横的视野比直的要宽一倍以上。这样可以知道，文字横行是能减少目力的损耗的。"[1]

既然"横视"比"纵视"的视界宽，更为节省目力，那么同竖排文字相比，横排文字的阅读速度势必要快一些，更利于眼睛快速、准确地接收信号。可见，无论从生理学还是传播学的角度看，横排的易读性都优于竖排。

[1] 余秉南.书籍设计 [M].武汉：湖北美术出版社，2001：23,34.

文字通过可识别的字体出现在书籍中，字体的任务就是使文字能够阅读。人们在阅读时，通过字形，识别它们的发音和含义。字体、字号在阅读时往往不被注意，但随着视线在字里行间的移动，阅读者还是会对其产生直接的心理反应。字体、字号选择的合适与否，同样会影响到信号的传送和接收。汉文中常见的印刷字体有宋体、仿宋体、楷体和黑体四大类，适合的风格能使阅读者产生适合的联想。一本书原则上只选择一种字体为正文字体，为了使版面层次分明和富有韵律变化，也可使用其他字体辅助，但通常不应超过 2~3 种字体。使用过多的字体会使阅读者感到杂乱，妨碍视力集中，就好像是有意地加大了噪音对传播信号的干扰。从字体的可视度来看，粗笔画字体可视度高，细笔画字体可视度低，字体的可视度越高，对视觉神经的刺激越大。但可视度和易读性并不等同，视觉神经受到过度的刺激，虽然可以引起注目，却容易产生疲劳，而不能持久进行阅读。适度的、平衡的视觉刺激，是持久阅读的必要条件。为了保持书籍具有良好的易读性，标题可采用可视度较强的字体，正文则以清晰柔和、可视度适中的字体为宜。

在文化部 1955 年颁布的《关于书籍、杂志使用字体的原则规定》中规定"一般书籍排印正文所使用的字体，应不小于老五号 (10.5 磅) 字；供工农群众阅读的通俗读物和儿童读物，其正文应尽可能用小四号 (12 磅) 字或大于小四号字的字体排印。"①这个规定就是依照易读性的原则制定的。因为汉字笔画繁复，字号太小，容易引起视觉疲劳；字号太大，有效视距内可看到的文字又太少，信息量也较少。9~11磅大小的字号是信息量和成年人连续阅读的最佳平衡点。

依照书籍的易读性原则，字行的长度及间距，均应有一定的限度。因为眼睛的视角宽度有一定的极限，大脑对接收到的视觉信息做出反应也有一定的极限。就字行的长度而言，首先不能超出视角，这是不用言说的。在阅读过程中，多大的视角是大脑可以对信息做出快速反应和接收的最佳视角，就需要用实验来证明了。

"据实验，用10磅的汉字排印正文，行长超过110毫米时，阅读就会感到困难，或者发生跳行错读的现象。例如，行长达到120毫米时，阅读的速度就会降低5%。字行的长度以80~105毫米时为最佳，有较宽的插图或表格的书稿，要求较宽的版芯时，最好排成双栏或多栏。"②也就是供成年人连续阅读的书籍，每行的字数以20~28个最为适合，过多或过少都会降低书籍的易读性。

行距同样会影响到信息的接收，行距过窄，行于行之间不易看清，也容易产生跳行错读。如果版面有限制，宁可用小一

---

① 文化部. 关于书籍、杂志使用字体的原则规定[EB/OL]. http://www.people.cn/itendflfgk/gwyfg/1955/306011195501.html, 2004-12-25.
② 余秉南. 书籍设计[M]. 武汉：湖北美术出版社, 2001：23,34.

些的字号加上适当的行距，也比用大一些的字号加上过窄的行距好得多。当然不是说行距越宽越好，过宽的行距不但消耗过多的纸张，阅读起来同样不流畅。一般书籍的行距以正文字号的 1/2 或 3/4 为宜，作连续阅读的书籍，行距可宽一些；作参考查阅用的书，行距可窄一些；长的字行，行距可宽一些；短的字行，行距可窄一些；明亮纤细的字体应比暗黑粗壮的字体行距宽一些。在汉文书籍中，单个的文字可以看成是一个点，一行文字是一条线，整段文字则是一个灰色的面。点、线、面之间不同的明暗对比关系也会影响阅读者对视觉信号的接收。字体、字号、行长、行距就是构成点、线、面明暗对比关系的要素。适当的行长、行距既可使整个版面取得平衡、和谐的视觉对比度，又可保持上下行良好的连贯性和易读性。

　　书籍设计的首要目标是如何以科学的视觉传达方式进行有效的信息传播，使书籍具有良好的易读性，便于阅读者快捷、准确地接收和理解信息；次者才是赋予书籍以美观，体现其审美情趣。如果说可读性是书籍内容的核心，易读性则是书籍设计的核心。

6.2

人性化设计

136

显示的设计

  由于人的视野所限，人的阅读习惯所限，也因为纸张的尺寸所限，书籍都是由多个页面组成的，要用二维的空间呈现多维的世界，我们已经研究了多个页面之间的多种结构方式，结构的不同导致了读者阅读的方式的不同，得到了不一样的书，这样的重构就是为了突破尺寸的限制。

《伊玛·布》，是一本关于图书设计的书，里面应用的超文本链接提供了另一个维度的选择。此书是多维的，打破了我们对图书的一般认识——书的样子，上一页和下一页，固定的页面，固定的模式，禁锢了读者的思维，根本无从选择——作为传播思想的书籍，作者的"叙事主观性"和读者的"选择性认识"都是无可避免的，因此可以说，一本书的终极内容应该是作者与读者双方共同选择的结果。《伊玛·布》此书设计时分为两本，读者可以分别的仔细阅读，也可以放在一起整体浏览，再加上超文本链接，这种显示的多视角，多维度，带来丰富的组合变化。第一本，平视角度，流水式地展示了作者的设计作品各自的起承转合的页面关系；第二本，立体视角，突出了各个设计作品的种种造型关系，比如字体、纸张、装订；两本书可以上下并置的放在一起，合二为一，组合展示各个设计的封面。读者可以通过页码、色彩等超文本链接，自由地穿梭于三本书之间，有限的页面，却有无限的阅读组合，读者可以选择适合自己阅读习惯的各种搭配组合。

为了人性化的阅读，早期图书生产者就知道使用合适的开本大小，合理的文字编排方式。至今，图书设计也很少有人用到报纸那样的大开本。其实，这是一个"显示"——"隐藏"的关系。大量信息同时出现在一个大版面上，没有任何隐藏，而图书设计通过巧妙的各种结构关系，合理处理了"显示"、"隐藏"的关系。

前文提到的《Ange Leccia》是一本配合摄影艺术家照片展览的画册，艺术家给了设计者 10 张照片，每张纸的正背面都印上同一张照片，横竖各对折一次就得到本书的开本。读者在阅读时，可以根据自己的意愿决定每张照片呈现四分之一、二分之一或全部，也可以决定哪张照片与哪张并置，或者哪张照片的哪一部分与其他的一张或几张照片的部分并置。此书的设计对"显示"、"隐藏"是一个有意味的尝试。"显示"是有条件的呈现，"隐藏"是有选择的隐藏。无论是"显"或"隐"，都是为了表达信息的需要。

6.3

人性化设计

140

开放的设计

书籍印刷装订完毕,就物质生产角度讲,就完成了书籍的生产过程。但从精神层面来讲,作者与读者的思想应该是伴随着图书的阅读一直存在的思维交织过程。如荷兰为了记录本国印刷产业的发展成果,印刷与装订委员会将年鉴的设计任务委托到设计者手中,因此《色彩》一书诞生了。

读者打开书，会发现这是一本由不同颜色的页面组成的集合，页面的边缘是闭合的，用手撕开边缘，隐藏在内部的页面就被"释放"出来，内部的页面的垂直色条的色彩来源于历史上不同时期的经典绘画，外层页面的颜色恰好是取自内层中的某一色彩。

更精彩的是，每页上都均匀地分布着纵向的折痕，沿着折痕把书继续撕开，页面将被解构成均等的色条，而这些色条可以组装起来，读者就得到一本实用的印刷色标。在这个读者参与解体与建构的过程中，读者与作者，物质与精神，层层交织，从而延伸了"色彩"的意义。

书籍设计的语言运用变化万千，现在与以前不同，将来与现在也会不同。但是其服务的对象还是人：人的生理要求（包括简单物理功能要求——体现在书籍设计上就是视觉传达的迅速和准确要求）和人的心理要求（美观、大方、典雅、合乎自己的品位等等）。

图书设计的在书籍设计中，将风格、创新、意蕴、内涵、立意、功能、主题融入结构当中，应用结构优先的原则，就会让我们事半功倍。在构建信息结构时，要注意到，信息结构所容纳的信息是精选出来的，开始阶段收集的文字内容信息以及相关信息，涉及有关人物、内容、相关或者相反的论点，等等要根据需求不同进行筛选；信息结构应该是清晰、和谐、完整，不能几个结构前后矛盾；信息结构必然是以表达主题为目的；纸张是我们的设计载体，这要求信息结构的设计必然要能够适合这个载体的形式；但不能忘记的是，最终是人在阅读，要把人的需求，习惯考虑到结构中。

信息结构设计的过程分为三个步骤：

第一个步骤是基于关系的过程。通过信息的特征来实现信息的分类，并将各种相似特征串联组织，得出结构的框架。第二个步骤是基于层次的过程。通过时间、空间以及时空这样几个维度来构建持续，这个有序结构得以让读者轻松地获取信息。第三个步骤是将人的因素考虑进去。良好的信息结构是三个要素共同作用的结果。

建立结构的目的是为了更清晰地认识图书承载的信息世界，人类结构世界的过程，是一个简化认知的过程，设计者切莫一味追求结构，反而把这个过程搞得复杂化，这就失去了结构的意义。在阅读书籍之前，我们早已在阅读我们生活的这个世界，我们用眼睛看，用嘴品尝，用耳朵聆听，用鼻子呼吸，用手触摸，用腿丈量，用大脑思考。感官决定了我们能够拥有的世界。

书籍是凝聚了思想的世界,我们在阅读中以感官来感知作者提供的精神世界。我们与自然世界是亲密的接触,而与这个精神世界我们则是依靠书籍来体味。设计者的存在,是为了让书籍这个"物性载体"能百分百的还原精神世界,并找到一个更为丰富而便捷的方式而存在。

后记

　　对于书籍设计的探索没有止境，从古至今，这个探索的过程在不断地深化与完善，而且这个过程还会继续不断地进行下去。在日常的工作中，常让人苦恼于目前的做书方式，并常在思考，究竟如何来设计书籍。而信息设计思想与理念的传播，让我萌发一个想法：书籍设计不正是对于内容信息的设计吗？如果用结构的方法来阐述图书的设计，暂时跳开原来书籍设计的圈子，反而豁然开朗。

　　但是，由于初次接触信息设计，探索时间尚短，所以我的研究也只能是整个书籍设计中的很小的探索。要想寻找一个新的思路，还需要有很长一段路的探索。

　　在此书的写作过程中，得到了许多师友的帮助，从选题、写作到最后的修改，感谢北京服装学院王蕴强教授的耐心启发与精心指导；感谢北京服装学院贾荣林教授、詹炳宏教授、清华美术学院李德庚教授在写作过程中的帮助；感谢中国纺织出版社孔会云编辑认真、耐心的审校。

作者

2012 年冬

图书在版编目(CIP)数据

书籍可以这样设计吗?：基于信息建构的书籍设计研究 / 冯龙彬编著 . —北京：中国纺织出版社，2013.4（2025.1 重印）
ISBN 978-7-5064-9634-6

I.①书… II.①冯… III.①书籍装帧—研究 IV.
①G256.1

中国版本图书馆 CIP 数据核字 (2013) 第 057202 号

策划编辑：孔会云

中国纺织出版社出版发行
地址：北京市朝阳区百子湾东里 A407 号楼 邮政编码：100124
邮购电话：010-67004461 传真：010-87155801
http: // www.c-textilep.com
E-mail: faxing@c-textilep.com
永清县晔盛亚胶印有限公司印刷 各地新华书店经销
2013 年 4 月第 1 版 2025 年 1 月第 2 次印刷
开本：880×1230 1/32 印张：4.75
字数：32 千字 定价：68.00 元

凡购本书，如有缺页、倒页、脱页，由本社图书营销中心调换